LE FLUIDE VITAL

PAR

MARTIN ZIEGLER

MULHOUSE,

Imprimerie de L. L. Bader, rue du Temple, N° 15

1866.

LE FLUIDE VITAL

PAR

MARTIN ZIEGLER.

1863

LE FLUIDE VITAL.

En faisant des essais pour me rendre compte de diverses manifestations mystérieuses que j'avais eu occasion d'observer dans mes recherches sur certaines affections anormales du système nerveux, j'ai découvert une loi de la nature qui joue un rôle immense dans la physiologie animale et dans la physiologie végétale, et au moyen de laquelle il devient possible d'expliquer une foule de phénomènes dont les causes ont échappé jusqu'ici à l'observation. Cette loi est appelée, je n'en doute point, à faire faire des progrès importants aux sciences naturelles en général et particulièrement à la médecine et à l'agriculture.

Cette loi est la suivante :

Toutes les fois qu'on met en contact de l'azote et du carbone, ou un corps azoté et un corps carboné, ou même un corps fortement azoté et un autre qui ne l'est que faiblement, il se dégage un fluide impondérable que je propose de nommer *fluide vital*.

Ce fluide, lorsque sa tension est faible, est difficilement perceptible, si l'on n'est pas prévenu de sa présence; c'est sans doute pour cette raison qu'il est resté si longtemps dans l'obscurité. Toutefois, quand on est bien familiarisé avec lui, on le perçoit facilement même en faisant usage d'appareils très-petits. Avec des appareils plus forts on le perçoit presque immédiatement; mais en employant un appareil puissant l'action du fluide sur le corps humain pourrait devenir dangereuse et déterminer des troubles graves dans le système nerveux. Je ferai observer à cette occasion que mes expériences me font supposer que l'action si énergique de l'acide prussique n'a d'autre cause que le dégagement du fluide vital à l'état le plus concentré possible.

On peut produire un courant de ce fluide et le diriger, comme l'électricité dynamique, à travers des fils conducteurs. Les meilleurs conducteurs de ce fluide sont les corps azotés; j'ai donné la préférence à la soie parce qu'elle est d'un emploi facile, et surtout parce qu'elle arrête les courants électriques qui pourraient se produire, dans certains cas, en même temps que le fluide vital.

Je ne suis pas arrivé à l'isoler complétement ; cependant le verre, les émaux et les minéraux en général sont d'assez mauvais conducteurs et l'isolent en partie.

Le fluide vital peut être obtenu et manipulé de bien des manières ; ainsi on produit un courant en remplissant d'ammoniaque caustique une vessie et en l'immergeant dans de la mélasse jusque tout près du col. On attache à celui-ci un cordon de soie et on plonge dans la mélasse un second cordon par un de ses bouts. La vessie peut être remplacée par un vase poreux quelconque hermétiquement bouché et dont le bouchon est traversé par un cordon de soie qui va plonger dans l'ammoniaque.

Si on accouple une douzaine de ces éléments, en faisant plonger le fil de l'ammoniaque du 1er élément dans la mélasse de l'élément suivant et ainsi de suite, ou mieux si l'on réunit d'un côté tous les fils de l'ammoniaque et de l'autre tous ceux de la mélasse, on obtient un courant d'une assez grande force qui, en agissant sur la moelle épinière, finit par la fatiguer.

Les appareils les plus pratiques sont ceux qu'on construit avec des tubes de verre. A cet effet on choisit un tube de deux centimètres de diamètre intérieur et de vingt à trente centimètres de longueur; on l'évase légèrement par les deux bouts et on prépare deux bouchons en liége entièrement enveloppés d'une double ou quadruple baudruche qu'on ramasse et qu'on lie, pardessus la partie supérieure du bouchon, avec un cordon de soie formant l'un des conducteurs.

On peut aussi, et c'est même préférable, faire passer par le bouchon dans le sens de sa longueur le cordon qu'on fixe par un nœud pratiqué au bout et lier la baudruche pardessus le bouchon, autour du cordon. Le tube, étant bouché par une de ses extrémités, on y laisse glisser un disque de charbon de bois d'un diamètre un peu moindre que celui du tube et d'un centimètre environ d'épaisseur. Sur ce disque on répand quelques grains de sable siliceux pour empêcher son contact immédiat avec un second disque de charbon, et on continue ainsi à remplir le tube alternativement avec sable et charbon, en ayant soin, chaque fois qu'on a introduit le sable, de le couvrir d'ammoniaque de manière à ce que tout se trouve finalement immergé dans le liquide. Le tube étant rempli, on le ferme avec le deuxième bouchon et le fluide vital se produit et forme deux courants qui s'écoulent par les fils conducteurs. En réunissant plusieurs de ces éléments, soit bout à bout, soit tous en un seul faisceau, on obtient des courants plus puissants.

Ces appareils donnent de très-bons résultats ; mais celui que j'emploie de préférence dans mes expériences est le suivant. Il se compose de tubes pareils aux précédents, mais chargés de couches alternatives de sucre de lait en poudre et de cyanure de potassium fortement humecté et recouvert chaque fois d'une petite bourre de baudruche pour éviter l'adhérence à la baguette, chacune bien tassée avec une baguette et ayant environ un centimètre d'épaisseur. Il est utile d'employer, pour chaque substance, une baguette spéciale. Il est important· que les bouchons soient en contact intime avec les couches que renferme le tube et que les conducteurs soient formés au moins de seize fils de soie cordonnée.

Je crois inutile de m'étendre davantage sur la construction de ces appareils qui, du reste, peuvent être modifiés de mille manières.

Le fluide vital agit principalement sur la moelle épinière, à la hauteur des reins et dans la nuque. Pour le percevoir, on se place debout devant l'appareil et l'on saisit de chaque main un des fils conducteurs, l'un de deux à trois décimètres de l'appareil, l'autre à un mètre environ. On ne tarde pas à éprouver un léger frémissement dans la paume des mains. Bientôt après ce frémissement se communique à la moelle épinière au-dessous de la ceinture. Au contraire, si on fait l'expérience, étant assis dans un fauteuil et le dos appuyé contre le dossier, on éprouve le frémissement dans la nuque, à tel point que, si l'expérience se prolonge, on finit par éprouver une grande fatigue dans cette région du corps. Les personnes d'une constitution très-robuste ne ressentent pas facilement ces effets; mais une fois qu'elles ont été fatiguées par des expériences souvent répétées et qu'elles ont fini par être familiarisées avec la nature de ce frémissement, elles deviennent capables de percevoir des courants même très-faibles. Les personnes au contraire dont le système nerveux est affecté et particulièrement celles qui sont atteintes de fièvres intermittentes, sont extrêmement sensibles à l'action du fluide.

Si à l'état concentré ce fluide peut exercer une action dangereuse, employé à faible tension, il produit les effets les plus salutaires ; il rétablit l'équilibre dans le système nerveux, rafraîchit la mémoire et les idées, guérit très-rapidement les affections purement nerveuses, telles que migraines, névralgies, etc., calme en général les douleurs et coupe immédiatement les fièvres intermittentes quelque invétérées qu'elles soient ; au point que pour les couper, il suffit d'un seul tube de 15 centimètres de longueur, ne renfermant que neuf couches de cyanure de potassium et autant de sucre de lait. Dans ce cas, on fait tenir au malade les deux fils conducteurs pendant une heure à une heure et demie. Il est bon que, pendant la première demi-heure, le malade tienne le fil conducteur le plus court dans la main gauche et le plus long dans la main droite, et qu'il fasse l'inverse pendant la deuxième demi-heure ; car le courant perd de sa force dans un plus long trajet, et il est bon de faire alterner le courant le plus fort d'une main à l'autre. On peut du reste, en variant la longueur des fils conducteurs, augmenter ou diminuer à volonté la force du courant. L'opération réussit le mieux, si on la commence une heure avant l'accès. Si le malade porte des vêtements de soie ou de laine, il faut éviter qu'il y ait contact entre ceux-ci et les fils conducteurs.

Depuis longtemps, sans s'en douter, on emploie le fluide vital en médecine. Ainsi un cataplasme de farine de graine de lin n'est autre chose qu'une source de ce fluide, qui se produit par le contact du mucilage avec les parties grasses azotées de la graine. Mais le fluide s'y produit d'une manière désordonnée, qui peut se comparer à ce qui se passe pour l'électricité, quand on jette un mélange de limaille de cuivre et de limaille de zinc dans de l'eau acidulée par l'acide sulfurique. Dans ce cas, de l'électricité se développe en quantité considérable, mais elle se neutralise à mesure qu'elle se produit. Au contraire, si on trempe du papier blanc non collé dans du mucilage de graine de lin, et qu'on applique sur chaque feuille une plaque de baudruche ou de vessie, ou même la partie grasse exprimée de la graine de lin, de manière à laisser déborder le papier de un à deux centimètres, et qu'on entasse de douze à vingt de ces couples les uns sur les autres, on obtient le meilleur de tous les cataplasmes; car il s'y établit un courant régulier de fluide vital qui pénètre dans le corps et dont le premier effet est d'enlever la douleur et de faire disparaître l'inflammation, en bien moins de temps que ne le ferait un cataplasme ordinaire. La douleur disparaît le plus souvent au bout de peu de minutes. Des papiers trempés simplement dans de l'eau pure, entre lesquels on interpose des plaques de vessie mouillées produisent presque le même effet. Ces cataplasmes, même à l'état sec, produisent souvent de très-bons effets.

Dans l'emploi de l'amidon pour combattre les diarrhées, il se produit sans doute aussi du fluide vital par le contact de l'amidon avec les matières azotées que contient le canal digestif. Des lits composés de la traditionnelle paillasse, de matelas en crin ou en laine, de deux draps de lits entre lesquels se place le corps de l'homme et d'une couverture de laine constituent un véritable appareil producteur de fluide. On a de la peine à se remettre, dans un pareil lit, des fatigues résultant de l'action trop prolongée du fluide dans des expériences exagérées, tandis qu'on se remet promptement dans un lit complétement neutre, c'est-à-dire dans un lit qui est entièrement composé de matières animales, y compris la chemise.

De là il résulte qu'il n'est pas indifférent dans quelle espèce de lit on couche certains malades ; car il existe des affections maladives qui sont le résultat d'un excès de fluide vital.

Le fluide vital, à un faible degré, éveille tellement les facultés du cerveau, que je me permets d'émettre ici une idée un peu hasardée peut-être, mais à laquelle je crois fermement, c'est que l'habitude, contractée à une certaine époque, d'interposer, entre la peau et les habillements en fourrure ou en laine, une chemise en toile, n'a pas été sans influence sur les progrès de la civilisation ; car des chiffons de laine et des chiffons de fils empilés par couches alternatives produisent un courant perceptible qui agit sur le système nerveux.

D'après tout ce qui vient d'être dit, il est permis de supposer que le cerveau est composé de fibres ou de plaques, les unes azotées, les autres carbonées, probablement microscopiques, et que l'une de ses fonctions principales est de dégager le fluide vital et d'en alimenter les organes du corps. On sait du reste que l'acide cérébrique est une des substances organiques les plus riches en carbone.

Toutes les graines et tous les bourgeons renferment de l'azote et constituent de véritables appareils producteurs de fluide vital. De là peut provenir cette singulière sensation de bien-être que l'on éprouve au printemps, à l'époque où les bourgeons des plantes commencent à se développer ; probablement un excès de fluide vital se répand alors dans l'atmosphère ; car j'ai constaté que l'air humide est un assez bon conducteur.

L'azote, qui est indispensable dans toute espèce d'engrais, n'est pas seulement destiné à entrer dans la composition des végétaux, mais une de ses fonctions est de produire avec les corps carbonés, qui l'entourent, le fluide vital nécessaire à la végétation. Sur ce point il me reste à continuer des expériences très-intéressantes qui prouveront sans doute qu'il est possible d'augmenter la puissance des engrais, en disposant de certaines manières les substances azotées par rapport aux substances non azotées, pour produire des courants réguliers ou même en faisant agir un courant provenant d'un appareil.

Il me répugne d'admettre que l'azote, qui forme les quatre cinquièmes environ, c'est-à-dire la majeure partie de l'air atmosphérique, n'ait d'autre rôle que celui d'atténuer l'action de l'oxigène, de lui servir de diluent seulement. Ce gaz doit avoir son action propre dans l'acte de la respiration.

En effet, le carbone du sang, au moment d'être converti en acide carbonique par l'oxigène, se trouvant en contact avec une si grande quantité d'azote, doit produire nécessairement du fluide vital, à chaque inspiration.

Ce qui se passe au contact de l'azote et du carbone est et sera probablement encore long-temps un mystère. J'ai cependant remarqué, dans mes expériences, que les molécules carbonées ont une grande tendance à se rapprocher des molécules azotées et vice-versâ. Les molécules sont entraînées même à distance perceptible, non pas à l'état de carbone ou d'azote pur, mais à l'état composé. On peut s'en convaincre en faisant entrer l'alizarine dans la composition de l'élément carboné qui, étant coloré, peut être observé dans ses mouvements. Des papiers, servant d'élément carboné, étant interposés entre des corps azotés, finissent, au bout de quelques mois, par être imprégnés de molécules azotées dont la présence est facile à constater par l'analyse chimique.

Voilà en peu de mots le résumé des résultats auxquels j'ai été conduit par les expériences que j'ai entreprises à l'effet de prouver l'existence de ce nouvel agent qui, j'en ai la ferme conviction, est appelé à faire faire un grand pas aux sciences naturelles et à donner lieu à d'importantes applications.

MARTIN ZIEGLER.

Mulhouse, le 18 Septembre 1866.

Mulhouse, imp de L. L Bader.

www.ingramcontent.com/pod-product-compliance
Ingram Content Group UK Ltd.
Pitfield, Milton Keynes, MK11 3LW, UK
UKHW022255070726
13613UKWH00005B/2309